# 神奇动物在哪里

# 恐龙

[法] 艾米丽·鲍曼◎著
杨晓梅◎译

U0171968

吉林科学技术出版社

# 最古老的恐龙

恐龙是地球历史上已知体形最大的陆地动物。19世纪，人们首次发现了这类爬行动物的化石，1842年，英国古生物学家理查·欧文给它们正式命名为"恐龙"，意思是"恐怖的蜥蜴"。后来，人类发现恐龙并不是某种蜥蜴，而是另一类爬行动物。它们的四肢不在身体两侧，而在躯干下方。地球上最早的恐龙出现在2.4亿~2.3亿年前。

**腔骨龙 ▼**

这是一种小型恐龙，骨头很轻。名字来源于它空心的骨头。它长长的脖子很柔软，形似蛇，尾巴则像鞭子。腔骨龙的体长为2~3米，但重量只有25千克。它敏捷、迅速，身体苗条修长，以蜥蜴等小型动物为食。它们也会集体合作攻击更大的猎物。1947年，在美国新墨西哥州，人们发现了数百具腔骨龙的化石。这群腔骨龙应当属于一个族群，并同时陷入了泥沼中。腔骨龙生活在2.3亿~2.15亿年前。

**曙奔龙 ▲**

它是肉食性恐龙的祖先。它矮小、轻盈，身长1.2米，体重5千克。长腿让它可以快速奔跑，便于捕捉蜥蜴或其他小型动物。

**始盗龙 ▶**

这种小型恐龙身体长度不足1米。有些古生物学家们认为始盗龙应该以植物与小型爬虫类为食。有些古生物学家则认为它是草食性恐龙的祖先。

## 板龙 ▼

它是最早的大型草食性恐龙之一，体长7米，生活在2.2亿～2.08亿年前，是欧洲分布最广的恐龙种类。它可以仅靠后足站立，因此能以高大植被为食。板龙过着群居生活，可以有效防止天敌的侵扰。

## 艾雷拉龙 ▼

1961年，一位名叫艾雷拉的阿根廷牧羊人发现了一种恐龙的化石，因此古生物学家们用他的名字为这种恐龙命名。这是一种可怕的肉食性恐龙，体长可达3～6米，锋利的牙齿边缘呈锯齿状。它先在奔跑中追上比它速度慢的猎物，例如大型爬行动物，再用弯曲、尖利的爪子将对手制服。

曙奔龙、始盗龙与艾雷拉龙都生活在2.3亿年前阿根廷的温暖潮湿的森林中。

## 皮萨诺龙 ▶

这种小型两足恐龙体长约1米，大小与绵羊差不多，是已知最原始的鸟臀目恐龙。它生活在2.28亿～2.16亿年前的阿根廷森林地区，以低矮植被为食。它机警、灵敏，然而却常常成为艾雷拉龙口中的食物。

# 披着盔甲的恐龙

有一类四足行走的恐龙身披铠甲，如同坦克一般，看上去十分恐怖，然而它们却是性情平和的草食性恐龙。其中，剑龙的嘴部狭窄，呈角质化，背部长有骨板，尾巴上有尖刺。甲龙的颈部、背部、尾部都有骨质的"盔甲"，由骨板和尖刺组成。这样的"盔甲"让它们可以无惧肉食性恐龙的尖牙利爪。

## 甲龙 ▼

这种恐龙就像一辆装甲车，体长约7米，重量可达6吨，是"盔甲"恐龙中个头最大的。遇到危险时，长着两颗骨球的尾巴就会派上用场，用来自我防卫或给对手以重击。

## 剑龙 ▶

剑龙体长7～9米，特征是颈部与背部有两排三角形的骨质甲板。但这些甲板有皮肤覆盖，上面密布血管，无法起到自卫作用。对古生物学家们来说，这些骨质甲板的实际用途至今还是一个谜。科学家猜想可能是它们颜色鲜艳，能吸引伴侣，吓走敌人或是向同伴表明身份。剑龙进食时用嘴巴咬断植物，然后直接吞下，没有咀嚼的过程。

## 埃德蒙顿甲龙 ▼

这种恐龙外形十分奇特，除了背部与尾部的"盔甲"，它的颈部与肩部有几排环状排列的骨板。自卫时，它会紧紧贴住地面，用"盔甲"保护住身体最脆弱的腹部。肩部长长的尖刺可以用来驱赶天敌或吸引异性。

古生物学家们认为甲龙的尾锤是发情期雄性之间决斗的武器或是吸引异性的装饰。

## 钉状龙 ▼

钉状龙是剑龙的表亲，它的化石被发现于非洲的坦桑尼亚，最初被命名为"有尖刺的蜥蜴"，因为它的肩、背、尾等部位长着骨质长刺。这些刺可以用来驱赶进攻的敌人。钉状龙体长约为4.5米，从头部到中背部有甲板。这种恐龙可以后脚站立，吃高处的树叶。

# 长着"鸟爪"的恐龙

这一类恐龙的后脚很像鸟类。它们长有牙齿，总是在不停地咀嚼植物。禽龙顶着狭长的脑袋，每个脚掌上有三根脚趾，末端圆润。慈母龙的脑袋上通常有头冠，科学家们推测这种头冠是用于同伴间的交流。

**慈母龙** ◀

它属于鸭嘴龙科。科学家们估计慈母龙应该生活在7 600万～7 200万年前，学名意为"好妈妈蜥蜴"。它们细心照顾恐龙幼崽，给幼崽带回食物，直到幼崽能够完全独立生存。幼崽的生长速度很快，出生时只有40厘米长，而1～2岁就能达到4米，8～10岁时可达到7米。

**禽龙** ◀

禽龙体长约10米，四足行走。它们经常集体行动，进行长距离的迁徙，寻找新鲜的食物。它们凸出的拇指形状如同马刺，用途可能是自卫、摘取或撕碎水果与种子。这种恐龙生活在距今1.39亿～1亿年前。

### 副栉龙 ◀

这种恐龙身长约1.8米，头上顶着长长的骨质头冠，作用可能是放大声音，与管乐器的原理一样，这样可以更好地向同伴们传递信息。头冠的长度越长，声音放大的效果就越好，传播的距离就越远。古生物学们认为，在发情期，雄性副栉龙的头冠会变得色彩鲜艳、耀眼，以吸引雌性的注意。这种草食性恐龙生活在7600万～7200万年前北美洲的沼泽与森林地区，以树叶、种子与针叶为食。

### 埃德蒙顿龙 ▼

这种恐龙体长可达13米，是当之无愧的庞然大物，生活在7600万～6600万年前。它们直起身子用后肢奔跑的样子十分可怕。埃德蒙顿龙生活在北美洲的沼泽地区，集体行动寻找树叶与针叶等食物，用扁平而角质化的嘴巴将叶子拔下或切断。它们的嘴巴深处有上千颗牙齿，犹如巨大的锉刀，可以把最坚硬的植物磨碎。

### 冠龙 ◀

这种恐龙的脑袋上有着扇状的夸张头冠，走到哪儿都引人注目。其头冠的作用可能是放大声音，或者让同一群体的成员互相交流。这种恐龙奔跑的速度惊人可达20千米/时。它们生活在7600万～7200万年前的北美洲地区。

# 头戴"面具"的恐龙

有一类恐龙的脑袋后长着巨大的骨质头盾，让它们看上去比一般的恐龙更威猛可怕。肿头龙科的恐龙脑袋顶端有骨质的球状隆起，如同穹顶，随着年龄增长而逐渐变厚。这种类型的恐龙都是草食性恐龙。

## 三角龙 ▶

三角龙体长8~9米，是角龙亚目中个头最大、名气最大的。它们的头部长着三个角：两个位于眼睛上方，长度约1米；另一个在鼻子上，长约30厘米。在发情期，雄性三角龙会以角为武器互相攻击。遇到霸王龙时，三角龙也会立刻用角驱赶对方，而骨质的头盾则起到保护脖子与肩膀的作用。角和头盾还有标记身份与求偶的作用。古生物学家们认为头盾的大小与外观会随着三角龙年龄的增长而发生变化。三角龙的头部十分巨大，可达2米。它们生活在6800万~6600万年前北美洲湿润的森林地区，以针叶、棕榈叶与开花植物为食。

**鹦鹉嘴龙 ▲**

这种恐龙长着形似鹦鹉的喙状嘴，是鸟脚亚目的成员之一，这种恐龙特征明显，体长约2米。鹦鹉嘴龙化石尾部的纤维结构可能是人类发现的最早的羽毛。

## 肿头龙 ▼

肿头龙的学名译为"脑袋很厚的蜥蜴"。这种恐龙的脑袋上有25厘米厚的骨质瘤块，周围有一圈尖刺，尖刺的作用是让雄性在求偶的决斗中能保护自己。

这顶"小圆帽"的作用只是装饰，向同类表明身份，还是面对猎食者时用来自我防卫呢？对此，古生物学家们还没有定论。这种恐龙生活在7000万～6600万年前的北美洲地区。

### ◀ 戟龙

这种恐龙体形与犀牛相似，鼻子上长有一根巨大的角。脑袋后的头盾上有好多根弯曲的角。它头盾覆盖着皮肤，流动血液可能让头盾呈现出颜色，作用是恐吓对手或寻找伴侣。戟龙生活在7600万～7200万年前的北美洲地区。

### ◀ 华丽角龙

这种恐龙的头部至少有15根角，绝对是头部拥有角最多的恐龙。在吸引雌性时，这些角是最华丽的装饰。2000年，古生物学家们在美国犹他州发现了一只华丽角龙的化石，它生活在7600万年前，头盾上有10根角；眼睛上方有2根，鼻子上有1根，面部有2根。

# 长脖子的食草恐龙

这类草食性恐龙是地球上有史以来体形最大的陆地动物。它们必须吃进大量的植物才能给庞大的身躯提供足够的能量，所以它们一生中大部分时间都在吃。它们进食时没有咀嚼的步骤，而是直接吞咽，并让食物在胃中发酵数天。它们的脑袋很小，脖子和尾巴很长，还有类似圆柱一般的腿。

马门溪龙的体长可达35米。

## 欧罗巴龙 ▼

不是所有长脖子的草食性恐龙都是巨兽。欧罗巴龙就是体长6米的"小个子"。它们的体重不超过1吨，与犀牛相似。为什么这种恐龙的个头小呢？可能是因为1.5亿年前它们生活在一座岛屿上，那里的食物并不丰富，也没有什么天敌。

## 梁龙 ▲

1878年，人类首次发现了梁龙的化石。梁龙体长为25～30米。这种恐龙拥有14米长的尾巴，占据了身长的一半。在驱赶敌人时，梁龙会甩动肌肉发达的尾巴，如同挥舞鞭子一般。

## 马门溪龙 ▼

这种恐龙的脖子占据了其身体的一半，可达10~13米，是恐龙世界的冠军。它的脖子可以上下左右灵活地移动，不仅可以吃到高处植被的叶子，还可以在身体不动的情况下，吃掉大范围的植物。一只体长18米的小马门溪龙每天可以吃掉半吨植物。马门溪龙多数生活在1.68亿~1.45亿年前的中国。

银杏

蕨类植物

南洋杉

苏铁

马门溪龙以植物（银杏、蕨类、南洋杉、松树、苏铁、阔叶树）为食，是绝对的大胃王。体形高大的还能吃到树顶处的叶子，这可是其他草食性恐龙做不到的。它们胃中的细菌可以分解植物。它们的牙齿也是常年生长，不断更新。

梁龙的皮肤表面有鳞片，背部与颈部排列有"刺"。它们的牙齿如同把子一般，可以把植物的可食部分刮下来。古生物学家们认为成年梁龙可以吃到4米高的叶子，也能吃到地面的蕨类。它们生活在1.57亿~1.45亿年前的北美洲地区。

## 阿根廷龙 ▼

这种恐龙的高度如同四层楼高（约21.5米），长度和波音737飞机接近（约40米），是地球上最大的恐龙之一。这种巨兽的体重为60～100吨。

## 腕龙 ▼

这种长颈恐龙体长为22～25米，前腿长于后腿，它们的头部抬起来时可以达到13米的高度，这样就能吃到树顶的枝叶了，它们也能弯下脖子，去吃生长在低处的树叶。这种恐龙生活在1.57亿～1.45亿年前的北美洲地区。

## 圆顶龙 ▼

这种恐龙体长约20米，是北美洲分布最广的巨型草食性恐龙，生活在1.57亿～1.45亿年前。与其他的长颈恐龙相比，它们的脖子与尾巴要短一些。它们的四肢很强壮，有五趾。其中两前肢最内侧的趾头长有利爪，用于驱赶异特龙这类掠食恐龙，起到自我防卫的作用。它们的牙齿形似勺子，以蕨类、针叶植被为食。

阿根廷龙生活在1.12亿～0.93亿年前的阿根廷地区，它们常组成20只左右的小群体进行活动。它们动作迟缓而僵硬，这样能减少关节的压力。巨大的体形让它们不必惧怕南方巨兽龙这类掠食者。它们不怕食物的短缺，因为它们可以1～2周不进食。适应气候的能力也更好，仅靠自己的身体就能保持一定的体温。

长颈恐龙蛋与鸡蛋的对比

长颈恐龙一次会产下很多蛋，直径约为18厘米。恐龙宝宝破壳而出时重量只有约5千克，但每年可以增长2吨重量，直到25岁才停止生长。在阿根廷，人们发现了一处恐龙蛋窝化石，甚至还有恐龙胚胎。通过这些化石点，古生物学家们发现雌性恐龙聚在一起生蛋。但在这些化石点，古生物学家们并没有发现它们养育后代的痕迹。

## 无畏巨龙 ▼

这种恐龙名字的意思是"无惧一切"。它们是真正的巨无霸，生活在7700万年前。2005年，人们在阿根廷首次发现这种恐龙的化石。它的体长20～26米，体重约为59吨。

# 凶猛的肉食性恐龙

肉食性恐龙可能是地球上有史以来最凶猛的猎杀者，总是渴望新鲜的猎物。发达的嗅觉与视觉让它们可以敏锐地发现猎物。即使是体形远大于它们的草食性恐龙，也不能让它们放弃猎杀的意念。肉食性恐龙有些独自行动，有些则成群结队。它们有些会埋伏起来，静静守候猎物现身；有些则以动物尸体为食；有些甚至会吃掉同伴。

棘龙 ▼

棘龙是捕鱼高手，它体形巨大、性情凶猛，体长约15米，是个头最大的肉食性恐龙。它们大部分时间生活在北非地区的河流附近。口鼻处的感应器官让它们可以在浑浊的水中快速发现猎物。锥形的牙齿长度为18厘米，捕食时，它们先用如同钩子一般的牙齿钩住猎物，然后再用爪子将猎物撕成碎片。

异特龙 ◀

这个超级掠食者生活在距今1.57亿～1.45亿年前的北美洲与欧洲大陆。它的脖子灵活，头部巨大，牙齿如屠刀一般锋利，这种体长约10米的双足恐龙不仅让小型草食性恐龙闻风丧胆，还可能会结队捕杀梁龙、剑龙等体形庞大的猎物。异特龙前肢有3指，长有利爪，可以牢牢抓住猎物，再用头部撞击猎物来杀死它们，而它强壮的颌部可以磨碎猎物的骨头。

## 南方巨兽龙 ▶

这种恐龙的体长约13米，重约8吨，牙齿长可达20厘米，如同钢刀一般，是它们最佳的捕猎武器。南方巨兽龙捕食时会咬住猎物，等待它们血液流尽而亡。这种恐龙生活在1.13亿～0.93亿年前的阿根廷地区。古生物学家认为它们可能会结队捕杀阿根廷龙幼龙。它们的后肢非常强壮，奔跑速度可达50千米/时。

### 羽暴龙 ◀

这种长着羽毛的暴龙是暴龙的近亲，于2012年首次在中国发现，是已知体形最大的有羽毛的恐龙。体长9米，全身覆盖羽毛，羽毛长度可达20厘米，很像小鸡的绒毛。这些羽毛可以帮助它抵御寒冷，也许还在求偶中发挥作用。

15

## 玛君龙 ▼

古生物学家们的许多研究证实这种恐龙有同类相食的习性，可能是以死亡的同类尸体为食，也可能是将同类当作猎物杀死。古生物学家发现的化石上的咬痕是来自其他玛君龙的。它们的掠食方法是撕咬住猎物，直到它们被制服。不过大部分时候这种体长6~7米的恐龙还是以草食性恐龙为食。玛君龙生活在8300万~7200万年前的马达加斯加平原地区。

## 暴龙 ▼

暴龙生活在7 200万～6 600万年前。它是名气最大的恐龙，也是真正的猎杀机器。极为强壮、发达的颌部是它主要的攻击武器，它长有60余颗牙齿，牙齿长约20厘米，形状类似匕首，如同剃刀一般锋利。这个可怕的掠食者体长约12米，重约7吨。尽管体形庞大，但它的奔跑速度可达20～40千米/时，甚至更快。它靠后肢行走，有3个脚趾，长有利爪。暴龙的前肢非常短小，古生物学家目前还无法确定其前肢的用途。

古生物学家通过在部分暴龙化石上发现的咬痕猜测它们有时可能会以同类为食。

## 食肉牛龙 ▲

这种恐龙的特征极为鲜明，脑袋上有两根角，这两根角可能是求偶的展示物，也可能是雄性间打斗的工具。这是一种双足恐龙，前肢非常短小。体长7～8米，机敏灵活、嗅觉发达，可以轻易发现猎物。它的牙齿如同锯子一般。食肉牛龙的化石于1985年在阿根廷南部的丘布特省首次发现，该化石是少数依然有皮肤痕迹的肉食性恐龙化石，皮肤上覆盖有很小鳞片（类似蜥蜴）和一些更大的鳞片，为我们留下了宝贵的信息。

# 素食恐龙与杂食恐龙

　　许多肉食性恐龙在进化中逐渐变成了"素食爱好者"，以植物为食。由于它们几乎没有牙齿，所以会吞下小石子，把它们留在砂囊（胃中的一个小袋子）中，用来碾磨吃进去的食物。这些石头互相摩擦，从而把植物磨碎。有些恐龙还会吃恐龙蛋、小型蜥蜴、昆虫等，属于杂食性动物。

## 似鸡龙 ▼

　　这种形似鸵鸟的恐龙身长约6米，是名副其实的奔跑冠军，能依靠自己的速度摆脱敌人的追击。流线型的身材与长腿让它的最高速度可达60千米/时。另一项王牌技能是拥有180°的大视野，让它的视线更广阔，从而更容易发现敌人。似鸡龙生活在7 200万～7 000万年前蒙古地区的森林中。

## 尾羽龙 ◀

　　这种恐龙的体形跟孔雀相近，生活在1.29亿～1.25亿年前我国辽宁省境内。它们的嘴形同鹦鹉一般，有牙齿，身上覆盖着羽毛，尾巴上有扇子一般的尾羽。但它的前肢很短，所以无法飞行。在尾羽龙的胃部，我们发现了一些小石头，可能是用来帮助消化树叶、种子与昆虫等食物的。

## 安祖龙 ▼

这种恐龙生活在6 800万~6 600万年前的美国北达科他州和南达科他州地区，绰号是"来自地狱的鸡"。它们体长约3.5米，重约250千克。前肢与尾巴上有长羽毛，脖子很长，但无法飞行。颌骨与部分草食性恐龙很像，但前肢较长且有弯曲的利爪，类似鹰爪。

## 北票龙 ▼

这种恐龙体长约2.2米，从头顶、后背直到尾巴都覆盖有羽毛，而其他部分则是绒毛。北票龙生活在1.27亿年前我国辽宁省北票市地区。它们用长爪抓取树叶，再放到口中吃掉。

## 偷蛋龙 ◄

这种恐龙体长2.5米。1923年人们首次在我国内蒙古戈壁沙漠中发现偷蛋龙化石，并误以为它正在偷取原角龙（一种草食性恐龙）的蛋，因此给它命名。不过，1993年发现的另一个化石标本下有22个恐龙蛋，发现更多的偷蛋龙化石旁有恐龙蛋存在，同时，其中一个蛋里有偷蛋龙胚胎的细小骨头，由此推断，偷蛋龙是正在孵蛋，不是"小偷"。这种恐龙生活在7 500万年前。

偷蛋龙会在地上挖洞产蛋，并保护它们直到小恐龙破壳而出，与现代的鸟类习性相近。

# 鸟类的近亲

　　1990年，第一个在我国发现的有羽毛恐龙化石证明了鸟类是从这一类小型肉食性恐龙进化而来的。与鸟类一样，这些恐龙有双足，身上有羽毛、翅膀。它们中有些无法飞行，有些则可以在树与树之间滑翔。这些恐龙一点点进化，翅膀的数量从四个变成两个，从滑翔变成了展翅飞行。换句话说，鸟类实际上是由适应了飞行生活的恐龙进化而来的。

## 小盗龙 ▲

这种恐龙体长只有约8厘米，是目前已知最小的肉食性恐龙之一。它们拥有两对翅膀，尾巴末端有两根羽毛，生活在1.15亿～1.08亿年前的我国辽宁省。它们可以从高处的树枝上往下跳，滑翔到其他树上。

## 近鸟龙 ◄

这种恐龙生活在1.55亿年前，是已知最早的长有羽毛的动物。2009年，人类首次发现近鸟龙的化石标本。这让古生物学家可以确定肉食性恐龙确实是鸟类的祖先。近鸟龙身长约31厘米，有两对长有羽毛的翅膀，一对在前，另一对在后肢上，头部很像公鸡，有红色头冠，尾巴很长。科学家们还在化石上发现了一些特殊成分，能确定羽毛颜色为黑色与灰色，夹杂着白色。

**始祖鸟** ▲

始祖鸟与爬行类动物有一些共同特征（口部有细齿，脚趾上有爪）。但另一方面，它们也很像鸟类，有翅膀与两块融合的锁骨（叉骨）。1861年，德国巴伐利亚州首次发现了始祖鸟的化石标本，化石所在岩层产生于1.5亿年前。到今天为止，人类一共发现了12个始祖鸟化石标本。古生物学家认为它的飞行速度很快。始祖鸟被认为是一种最原始的鸟类。

**中华龙鸟** ▼

1996年，我国辽宁省的一位农民无意间发现了一种有羽毛恐龙的标本。这让整个古生物学界为之惊喜。中华龙鸟身体上有红棕色且有米褐色条纹的绒毛，尾巴上有橙黄色圆圈。羽毛的作用应该是抵御寒冷，因为这种恐龙生活在1.29亿～1.25亿年前我国东北部的辽宁省，那里有着酷寒的冬天。巨大的牙齿让它可以进食昆虫、爬行类动物与小型哺乳动物。

# 追寻恐龙的踪迹

人类从来没有见过活的恐龙，只能在岩层中找到它们的遗骸与生存痕迹，但这就足以让古生物学家模拟出恐龙的生理结构，了解它们的生活模式，再现它们的历史。每一年都有十余种新恐龙被大家认识。我国东北的辽宁省是恐龙宝库，这里新发现了很多恐龙化石标本。

恐龙化石通常都是由爱好者或古生物学家发现的。这些化石藏在恐龙时代形成的沉积岩（砂岩、石灰岩）中。科学工作者将化石所在地圈起来，利用机械与工具（锤子、铁锹、凿子等）开始挖掘工作。每一块化石都会从原本的岩石层中被剥离出来。我们在图纸上标记好每一块化石所在的位置。如果化石很大，则会将它装在特殊的石膏箱中运送到实验室，然后再进行研究、测量，与已知的恐龙化石进行比较。在现代科技的帮助下，古生物学家能直接看到岩石内部的样子，并制作出3D图像。

如同侦探寻找线索，古生物学家一点点重建恐龙的骨架，想象肌肉与皮肤的分布。然后，雕塑家会制作出与恐龙原本大小一致的复制标本。在博物馆里，我们可以看到恐龙的骨架与这些复原品。

## 恐龙化石

恐龙死后如果沉入湖底，那么它的遗骸会一点点被淤泥或沙砾覆盖。这些体积微小的粒子会填满骨头的每一个缝隙，逐渐改变它的状态。骨头变成了石头。化石就是这些石化的骨头，还有牙齿、皮肤、羽毛、脚印、蛋、胚胎、粪便……几千万年后，侵蚀作用（雨、雪……）与地壳运动会让这些化石重新来到地面上。

## 恐龙的未解之谜

自1996年以来，人们发现的有羽毛恐龙（40余个）全部属于肉食性恐龙，也就是鸟类的祖先。古生物学家们还无法确定到底有多少恐龙有原始羽毛或真正的羽毛，还有许多问题有待研究。比如，恐龙如何起飞？狩猎时发出的叫声是什么样的？

在统治地球1.65亿年之后，恐龙突然于6600万年前灭绝了，同时灭绝的还有其他许多动物（包括一些海生爬行类和飞行爬行类）。这场大规模灭绝可能有好几种原因。一方面，印度的火山喷发，喷射出的大量气体彻底改变了气候，让许多动物无法生存。另一方面，一颗巨大的陨星撞击地球，在墨西哥尤卡坦州造成了一个180公里直径的火山口。巨大的潮汐吞没了许多地区，许多森林陷入熊熊大火，地球被笼罩在厚厚的灰尘之中，不见天日。植物无法吸收太阳的光线与热量，大量枯萎。缺少食物的草食性恐龙灭绝了，而以前者为食的肉食性恐龙也随之灭绝。

上图：2010年在法国昂雅克地区发现了一块2.2米长的大腿骨化石，这是目前欧洲长颈恐龙化石中最大的一块。

LES DINOSAURES
ISBN: 978-2-215-14410-6
Text: Agn è s VANDEWIELE
Illustrations: Franco TEMPESTA
Copyright © Fleurus Editions 2016
Simplified Chinese edition © Jilin Science & Technology Publishing House 2021
Simplified Chinese edition arranged through Jack and Bean company
All Rights Reserved

吉林省版权局著作合同登记号:
图字 07-2016-4669

**图书在版编目（CIP）数据**

恐龙 / （法）艾米丽·鲍曼著 ；杨晓梅译. -- 长春:
吉林科学技术出版社，2021.1
　（神奇动物在哪里）
　书名原文：Dinosaur
　ISBN 978-7-5578-7753-8

　Ⅰ. ①恐… Ⅱ. ①艾… ②杨… Ⅲ. ①恐龙—儿童读
物 Ⅳ. ①Q915.864-49

中国版本图书馆CIP数据核字(2020)第199778号

# 神奇动物在哪里·恐龙

SHENQI DONGWU ZAI NALI · KONGLONG

| | |
|---|---|
| 著　　者 | [法]艾米丽·鲍曼 |
| 译　　者 | 杨晓梅 |
| 出 版 人 | 宛　霞 |
| 责任编辑 | 潘竞翔　杨超然 |
| 封面设计 | 长春美印图文设计有限公司 |
| 制　　版 | 长春美印图文设计有限公司 |
| 幅面尺寸 | 210 mm×280 mm |
| 开　　本 | 16 |
| 印　　张 | 1.5 |
| 页　　数 | 24 |
| 字　　数 | 50千 |
| 印　　数 | 1-6 000册 |
| 版　　次 | 2021年1月第1版 |
| 印　　次 | 2021年1月第1次印刷 |

| | |
|---|---|
| 出　　版 | 吉林科学技术出版社 |
| 发　　行 | 吉林科学技术出版社 |
| 地　　址 | 长春市福祉大路5788号 |
| 邮　　编 | 130118 |
| 发行部电话/传真 | 0431-81629529　81629530　81629531 |
| | 　　　　　　　81629532　81629533　81629534 |
| 储运部电话 | 0431-86059116 |
| 编辑部电话 | 0431-81629518 |
| 印　　刷 | 辽宁新华印务有限公司 |

| | |
|---|---|
| 书　　号 | ISBN 978-7-5578-7753-8 |
| 定　　价 | 22.00元 |